TÉLÉGRAPHIE DOMESTIQUE

INSTRUCTION

SUR

LA POSE ET L'ENTRETIEN

DES

SONNETTES

ÉLECTRIQUES

ORNÉ DE 22 GRAVURES SUR BOIS

PARIS
DUNOD, LIBRAIRE-ÉDITEUR
49, QUAI DES AUGUSTINS

1865

SONNETTES

ÉLECTRIQUES

PARIS. — IMP. SIMON RAÇON ET COMP., RUE D'ERFURTH, 1.

TELÉGRAPHIE DOMESTIQUE

INSTRUCTION

SUR

LA POSE ET L'ENTRETIEN

DES

SONNETTES

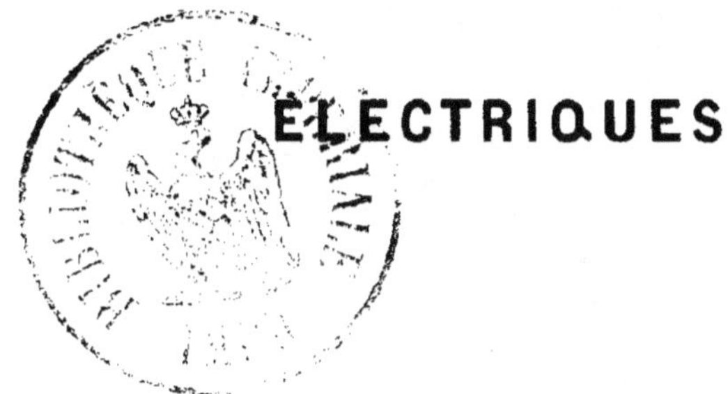

ÉLECTRIQUES

PARIS

DUNOD, LIBRAIRE-ÉDITEUR

49, QUAI DES AUGUSTINS

1865

INTRODUCTION

Nous avons cherché à réunir ici pour nos lecteurs tous les renseignements utiles à ceux qui entreprennent la pose des sonnettes électriques. Aussi avons-nous reproduit presque tous les renseignements que contient notre *Manuel de Télégraphie électrique* sur les piles en général et en particulier sur la pile Daniell, que nous préférons pour l'usage domestique, tout aussi bien que pour la télégraphie électrique. Nous faisons connaître par un grand nombre de figures gravées sur bois la plupart des appareils que nous construisons pour cette application spéciale.

AVANTAGES DES SONNETTES ÉLECTRIQUES

La préférence de jour en jour plus généralement accordée aux sonnettes électriques sur les sonnettes mécaniques est fondée sur les nombreux avantages que présente ce nouveau système :

1° Les fils conducteurs de l'électricité sont fixes et dispensent de l'emploi des équerres destinées à transmettre les mouvements ; de plus, ils sont d'un très-petit diamètre et recouverts de soie ou de coton de couleur assortie aux appartements ; on peut même les peindre en même temps que les boiseries ou les murs sur lesquels ils sont placés ; de telle sorte qu'on arrive à les dissimuler complétement ;

2° Ces fils conducteurs, à raison de leur immobilité, sont bien moins sujets à rupture que les fils de fer mobiles des sonnettes anciennes, qui de l'été à l'hiver s'allongent ou se raccourcissent, qui se rouillent par leur exposition prolongée à l'humidité et qui enfin supportent un effort mécanique souvent assez grand ;

3° La pose des fils et des appareils électriques est moins coûteuse que celle du système ancien ; et cette économie est surtout marquée quand les distances sont grandes et les parcours compliqués ;

4° L'entretien lui-même est moins dispendieux pour le système électrique que pour l'autre, surtout dans le cas où les sonnettes sont en très-grand nombre, parce que la même pile qui fait fonctionner une sonnette peut en faire fonctionner un nombre quelconque ;

5° Les appareils électriques permettent dans un espace très-limité d'indiquer d'une manière très-apparente, à une personne qui peut être appelée de plusieurs points différents par lequel elle est demandée actuellement ; on sait que la solution de ce problème par les moyens mécaniques présentait des difficultés sérieuses et était rarement satisfaisante ;

6° La distance, quelque grande qu'elle soit, à laquelle on veut faire agir ces indicateurs ou mettre en branle des sonnettes de dimension quelconque, n'ajoute rien à la difficulté du problème, et le système électrique rend possibles des appels auxquels on n'aurait pas songé avant son introduction.

L'effort à faire pour appeler est aussi petit que possible ; il suffit d'appuyer un instant avec le doigt sur un petit bouton d'ivoire pour mettre en mouvement une sonnerie aussi grande qu'on le désire et pendant un temps indéfini ;

7° Enfin le système électrique offre des ressources infinies et permet, moyennant une dépense peu considérable, de répondre aux besoins les plus divers d'un service domestique ou administratif, quelque compliqué qu'il soit.

C'est là ce que mettront en lumière les pages suivantes, dans lesquelles cependant nous n'indiquerons que quelques-uns des nombreux problèmes que nous avons déjà eu occasion de résoudre.

INSTRUCTION
SUR
LA POSE ET L'ENTRETIEN
DES
SONNETTES ÉLECTRIQUES

I

DE LA PILE

Lorsqu'on plonge dans l'eau acidulée deux plaques, l'une de cuivre, l'autre de zinc, par exemple, et qu'on les réunit par un fil métallique, comme le montre la figure 1, il se produit dans ce fil un phénomène particulier, et on dit qu'il est traversé par un *courant électrique*.

L'appareil composé du vase, du liquide et des deux lames métalliques est une *pile*, ou un *élément de pile*, ou encore un *couple*.

Le fil qui réunit les deux plaques métalliques s'appelle *conducteur;* il peut être d'une très-grande longueur ; on nomme *électrodes* les plaques métalliques qui plongent dans le liquide, et *rhéophores* les fils qu'on soude habituellement aux électrodes pour les réunir métalliquement aux extrémités du conducteur ; l'ensemble formé par la pile et le conducteur est le *circuit* du courant ; on dit que le circuit est *ouvert* quand, en

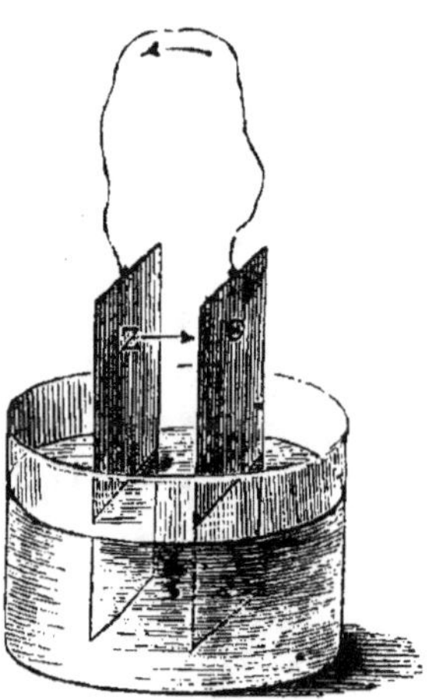

Fig. 1.

un point quelconque, le conducteur est coupé, et dans ce cas le courant ne passe pas ; on *ferme* le circuit quand on met en contact les deux parties du conducteur qui étaient séparées, et le courant commence immédiatement à passer.

On convient de dire que le courant marche dans le conducteur de la plaque de cuivre (ou *pôle cuivre* ou pôle positif de la pile) à la plaque de zinc (ou *pôle zinc* ou pôle négatif), et dans la pile, du pôle négatif au pôle positif. (*Voir* les flèches, fig. 1.)

On peut faire un très-grand nombre de piles différentes en changeant la nature du liquide et des plaques qui y sont plongées; on fait aussi des piles à deux liquides, qui sont plus constantes que celles à un seul liquide, et qui sont aujourd'hui presque les seules en usage ; nous décrirons en détail deux des plus intéressantes, celle de Daniell et celle de M. Marié Davy.

PILE DANIELL

La figure 2 représente en coupe un élément de pile Daniell. V est un vase de verre, Z un cylindre creux en

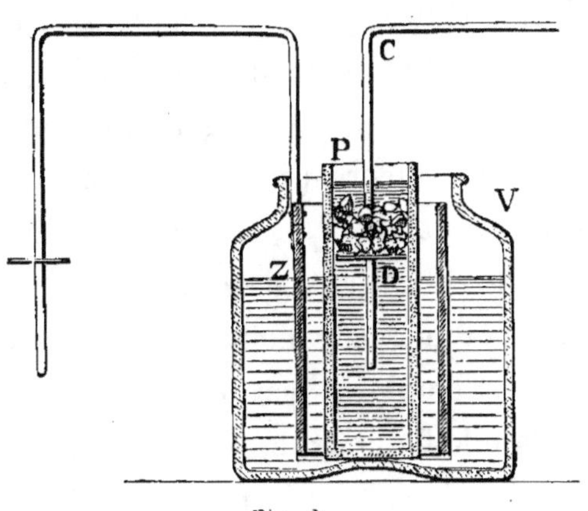

Fig. 2.

zinc, P un vase en porcelaine poreuse, et C une tige

de cuivre à laquelle est soudé un diaphragme D, également en cuivre.

On met de l'eau pure dans le vase de verre et dans le vase poreux ; on place ensuite sur le diaphragme des cristaux de sulfate de cuivre en quantité plus que suffisante pour que l'eau soit saturée dans le vase poreux ; les deux liquides de la pile, eau et dissolution de sulfate de cuivre, sont séparés par le vase poreux, quoiqu'il y ait contact entre eux dans les pores de ce vase.

Le niveau du liquide, dans le vase poreux, se maintient, par un effet d'endosmose, un peu plus élevé que dans le vase extérieur ; il convient que, dans ce dernier, l'eau ne dépasse pas le bord supérieur du zinc.

Dans la pile Daniell proprement dite, au lieu d'eau pure dans le vase de verre, on mettait de l'eau acidulée à l'acide sulfurique ; elle était ainsi à peine plus énergique. En 1848, j'ai supprimé l'acide, et j'ai ainsi non-seulement écarté les dangers que son maniement présente, mais encore diminué considérablement la consommation du zinc, et, par suite, les frais d'entretien de la pile. Ces avantages ont été appréciés : car la pile, ainsi modifiée, à laquelle on a bien voulu attacher mon nom, est employée partout.

Quand la pile fonctionne, c'est-à-dire quand son circuit est fermé, le sulfate de cuivre se décompose ; il se fait du sulfate de zinc qui se dissout dans le vase extérieur, et du cuivre métallique d'une grande pureté et d'une belle couleur se dépose sur la tige C et le diaphragme D, en cristaux qui peuvent avoir jusqu'à deux millimètres de dimension ; il s'en dépose aussi à la surface interne du vase poreux et dans les pores mêmes, qui finissent par s'obstruer. La dissolution de sulfate de cuivre étant d'autant plus lourde qu'elle est plus concentrée, il faut, pour la maintenir à saturation dans toute la hauteur du vase poreux, maintenir les cristaux à la partie supérieure : c'est à quoi sert le diaphragme D.

Quand la pile ne fonctionne pas, c'est-à-dire quand son circuit est ouvert, le travail chimique s'y fait beaucoup moins, à la vérité, que quand le circuit est fermé, mais très-sensiblement encore; en effet, le sulfate de cuivre traverse peu à peu le vase poreux et, se trouvant au contact du zinc, se réduit; il se fait du sulfate de zinc qui se dissout et du cuivre qui se précipite, sous forme d'une poudre brun rougeâtre, sur la surface du zinc et au fond du vase de verre. Cette précipitation n'a lieu que pendant que le circuit est ouvert, pendant que le courant ne passe pas.

Montage de la pile

Les éléments sont réunis les uns aux autres par leurs pôles de noms contraires, pour former la pile, comme le montre la figure 3; le zinc de chaque élément est soudé à une tige de cuivre munie d'un diaphragme

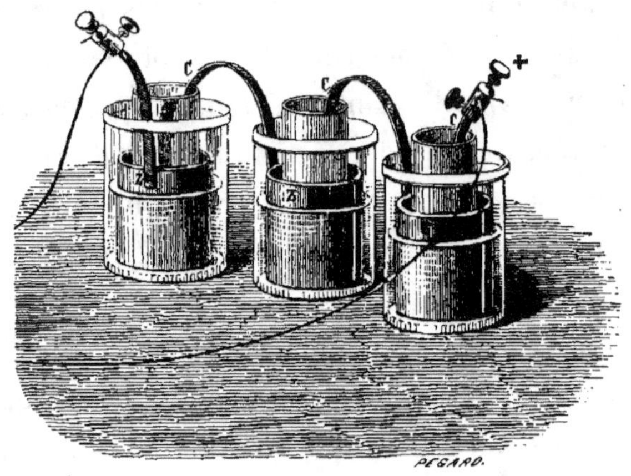

Fig. 3.

qui forme le pôle cuivre de l'élément suivant; au zinc du dernier élément est soudée une courte bande de cuivre qui forme le pôle zinc ou négatif de la pile; dans le vase poreux du premier élément plonge une tige de cuivre qui n'est soudée à aucun zinc et qui forme le pôle cuivre ou positif de la pile.

Au moment où une pile vient d'être montée et chargée, elle n'a qu'une très-faible intensité; pour la faire croître rapidement, il faut fermer pendant un certain temps la pile sur elle-même, c'est-à-dire mettre en contact le pôle cuivre et le pôle zinc extrêmes ou les réunir par un conducteur métallique court. Il convient de prolonger cette opération pendant vingt-quatre heures; mais alors même qu'on ne peut pas la faire durer aussi longtemps, il ne faut pas la négliger, ne dût-elle se faire que pendant une heure.

On préfère en général préparer à l'avance, dans un vase disposé à cet effet, une dissolution saturée de sulfate de cuivre qu'on introduit au moyen d'une seringue dans les vases poreux ; on ne met alors d'eau pure que dans les vases de verre ; souvent on supprime le diaphragme et les cristaux qu'il supporte.

Entretien de la pile

On ne saurait trop recommander d'apporter un grand soin à l'entretien de la pile.

Les éléments doivent être placés à quelques centimètres les uns des autres, sur des feuilles de verre ou des planches de bois à claire-voie, qui se tiennent facilement propres.

Il importe de les examiner chaque jour, d'ajouter de l'eau dans le vase de verre dès que le niveau baisse par suite de l'évaporation et des cristaux, ou de la dissolution du sulfate de cuivre, dès qu'on voit pâlir la couleur du liquide.

Très-peu après que la pile est montée, on voit se former dans le vase de verre des sels grimpants qui mon tent le long des parois du vase, finissent par atteindre le bord et retombent à l'intérieur ; ces cristaux sont blancs et ne sont autre chose que du sulfate de zinc ; d'un autre côté, le long des parois du vase poreux, se forment, à l'extérieur, des sels grimpants de sulfate de zinc, et, à l'intérieur, de sulfate de cuivre ; il est important d'enlever ces sels à mesure de leur formation parce qu'ils peuvent amener des communications anomales entre les éléments, et par suite une perte de courant ; pour faciliter cet enlèvement, on a le soin de vernisser la partie supérieure des vases de porcelaine, qui ne sont poreux que dans la partie plongée.

Une pile de ce genre convenablement soignée peut fonctionner jusqu'à six mois sans être démontée, avec des zincs de 1 $\frac{1}{2}$ millim. d'épaisseur ; il convient cependant d'examiner de mois en mois les différentes pièces métalliques de la pile, car il arrive parfois qu'une ou plusieurs d'entre elles (cuivre ou zinc) se rongent rapidement au niveau du liquide ; de plus, il faut changer les vases poreux quand ils sont trop chargés de cuivre ce qui n'arrive guère avant six mois.

Il faut éviter de placer les piles dans un endroit où elles seraient exposées à de grands froids, parce que, si les liquides viennent à geler, la pile cesse de fonctionner et le courant est interrompu.

PILE A BALLON

La figure 4 montre une disposition de la pile Daniell imaginée par M. Vérité, horloger de Beauvais, et qui dispense de tout soin d'entretien.

Fig. 4.

Le ballon B est rempli de cristaux de sulfate de cuivre et d'eau ; son goulot porte un bouchon traversé par un tube de verre qui plonge de quelques lignes dans le liquide du vase poreux ; à mesure que le sulfate de cuivre dissous se consomme dans la pile, il est remplacé par celui du ballon et la dissolution est toujours maintenue à saturation.

L'élément étant fermé presque hermétiquement, il y a très-peu d'évaporation, et par conséquent pas de sels grimpants, de sorte que la pile se conserve parfaitement propre ; d'ailleurs, quand le niveau du liquide baisse un peu dans le vase poreux et qu'il descend au-dessous de l'extrémité du tube du ballon, une bulle d'air y monte, et un volume correspondant du liquide du ballon descend dans le vase de porcelaine, de telle sorte que le niveau du liquide y est presque invariable.

Une pile de ce genre peut fonctionner dans un service de sonnettes pendant trois mois, sans qu'on ait besoin d'y toucher; comme pile télégraphique, elle fonctionnerait jusqu'à un an ou dix-huit mois. La raison de cette différence est la suivante : Une pile télégraphique ne fonctionne que pendant le temps assez court où elle fait un service utile; au contraire, la pile appliquée aux sonnettes se trouvant constamment reliée à des conducteurs souvent fort longs, appliqués sur des murs plus ou moins humides, et toujours imparfaitement isolés, il y a une perte d'électricité lente, mais continuelle, et par suite un travail incessant de la pile. Ce travail se fait en pure perte, mais il use la pile autant que le ferait un travail utile.

Il est important que les vases de verre soient d'une

dimension un peu grande, pour éviter que le liquide se sature trop promptement de sulfate de zinc, parce qu'alors le sel de zinc qui se forme constamment, ne trouvant plus à se dissoudre, se dépose sur le zinc ou le vase poreux et diminue l'intensité de la pile.

PILE A SULFATE DE MERCURE

DE M. MARIÉ DAVY

L'élément de pile à sulfate de mercure est représenté

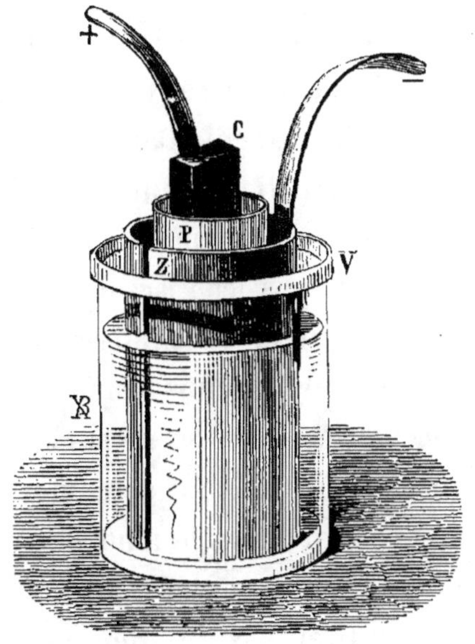

Fig. 5.

fig. 5. Dans un vase V, de verre ou de gutta-percha,

se place un cylindre de zinc amalgamé Z, de même forme que celui de la pile Daniell, au milieu duquel est un vase poreux P contenant un morceau de charbon de cornue C; dans l'intérieur du vase poreux on met une pâte formée de sulfate d'oxydule de mercure et d'eau qui entoure le charbon; dans le vase de verre on met de l'eau.

Deux petites lames de plomb soudées, l'une au zinc, l'autre au charbon, sont les rhéophores ou pôles de la pile, le premier négatif, le second positif.

Les dimensions de l'élément à sulfate de mercure sont beaucoup moindres que celles de l'élément à sulfate de cuivre; le vase de verre n'a que huit centimètres environ; cependant deux de ces éléments peuvent remplacer trois éléments Daniell.

Cette pile ne donne lieu à aucun entretien; il faut seulement avoir soin d'y maintenir le niveau de l'eau à la hauteur du zinc dans les vases de verre; elle fonctionne de six mois à un an sans interruption.

Quand ses effets sont devenus insuffisants, il ne convient pas de se borner à ajouter du sulfate de mercure dans le vase poreux, mais il faut démonter entièrement la pile; on trouve alors dans le fond des vases poreux une certaine quantité de mercure qu'on doit recueillir avec soin pour en tirer parti et diminuer d'autant les frais d'entretien.

Le sulfate d'oxydule de mercure, qu'on appelle communément sulfate de mercure, est une substance blanchâtre, vénéneuse, qu'il ne faut, par conséquent, manier qu'avec précaution.

Nota. — La pile à sulfate de mercure présente un inconvénient contre lequel il est important de se tenir en garde : elle s'affaiblit quand elle fonctionne, ou, suivant l'expression reçue, elle se décharge. Ce fait peut être mis en évidence par une expérience fort simple : on fait agir un élément de pile à sulfate de mercure sur une sonnerie trembleuse, convenablement choisie ; au début elle fonctionne parfaitement, au bout de quelques instants le mouvement du marteau se ralentit ; il cesse de toucher au timbre et finit par s'arrêter complétement. Si on rompt le circuit et que l'élément cesse de travailler pendant quelque temps, il se recharge et redevient capable de faire trembler la sonnerie. Il se recharge très-rapidement si on ne l'a fait travailler que peu de temps ; il lui faut plus de temps pour se recharger s'il a travaillé pendant plus longtemps.

Il résulte de là que la pile à sulfate de mercure, quoique très-avantageuse sur les lignes télégraphiques, réussit beaucoup moins bien dans l'application aux sonnettes électriques à l'usage domestique, du moins quand le réseau des fils conducteurs est très étendu ; à cause des pertes résultant de l'isolement imparfait, ainsi que nous l'avons expliqué à propos de la pile à ballon.

II

DES SONNETTES

SONNERIE A UN COUP

Cette sonnerie est la plus simple qu'on ait imaginée; elle est représentée fig. 110. A chaque passage du courant dans l'électro-aimant *E*, l'armature *A* est attirée et le marteau *m* qu'elle porte frappe un coup sur le timbre. L'armature est portée par un ressort d'acier plat qui l'éloigne de l'électro-aimant aussitôt que le passage du courant a cessé.

La course de l'armature est limitée par un butoir *b*, qui porte une vis et qui permet de régler à volonté l'étendue du mouvement *A*.

Nota. — Ce ressort lui-même est porté par une pièce qui fait corps avec l'électro-aimant, et par suite aucun mouvement relatif résultant du travail des pièces en bois n'est à craindre. Cette disposition plus récente

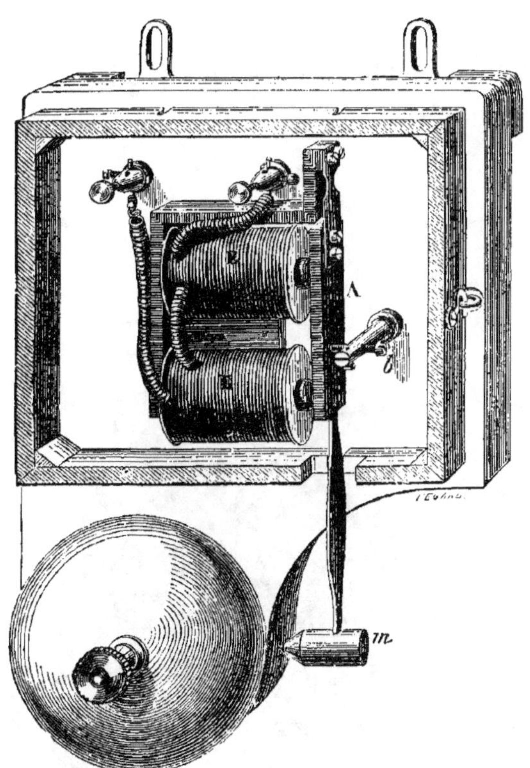

Fig. 110.

que celle représentée fig. 36, est infiniment préférable.

SONNERIE TREMBLEUSE

Cet instrument est représenté par la figure 36.

Un courant envoyé dans l'appareil suit la bande de

Fig. 36.

cuivre CD, parcourt le fil de l'électro-aimant E, est conduit ensuite en F, suit l'armature A, le ressort R et la bande JZ, pour retourner à la pile.

Dès que le circuit est fermé hors de cet appareil, l'armature est attirée par l'électro-aimant et le contact en R cesse d'avoir lieu ; de là il résulte que l'électro-aimant cesse d'attirer l'armature, qui retombe sur le ressort et referme le circuit ; le courant passant de nouveau, l'armature est de nouveau attirée, etc. ; ces effets se reproduisant successivement avec rapidité, l'armature prend un mouvement d'oscillation ou de tremblement qui dure autant que le circuit est complet hors de l'appareil.

A chaque attraction de l'armature, le marteau *m* qu'elle porte vient frapper le timbre, ce qui produit un bruit très-intense [1].

Le bruit qu'on peut produire avec une sonnerie trembleuse dépend du nombre d'éléments de pile qu'on emploie à la mettre en branle ; à la rigueur, un ou deux éléments Daniell, de grandeur moyenne, suffisent à la faire fonctionner.

SONNERIE TREMBLEUSE A DOUBLE EFFET

Cet appareil, représenté fig. 100, produit avec la même pile un bruit plus intense que le précédent.

Le courant entre par le bouton C, suit les bandes CD et CD', parcourt les fils des deux électro-aimants E et

[1] On remarque que l'armature est portée par un ressort flexible qui fait en même temps fonction de ressort antagoniste.

E′, suit les bandes HV et H′V′, passe dans les deux ressorts R et R′, dans l'armature A, dans la masse métal-

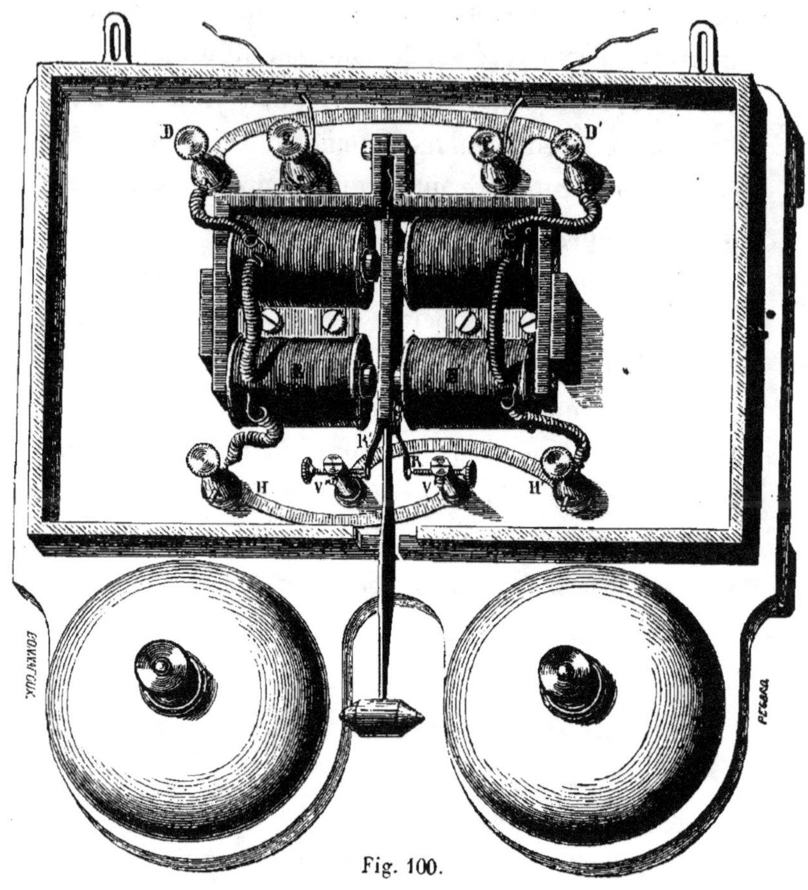

Fig. 100.

lique de l'électro-aimant et arrive enfin au bouton Z.

Quand la sonnerie commence à fonctionner, l'un des électro-aimants E se trouvant un peu plus fort que l'autre, ou dans de meilleures conditions d'attraction, attire l'armature et rompt le circuit en R; le courant passant alors tout entier dans l'électro-aimant E′, l'armature est vivement attirée vers lui; le circuit se rompt en R′ et se referme en R; il y a donc une nouvelle attraction vers E, etc., etc.

A chacun de ces mouvements, le marteau vient frapper l'un des deux timbres; et comme ils sont très-rapides, il en résulte un bruit extrêmement intense.

Cette sonnerie pourrait fort bien n'avoir qu'un seul timbre que le marteau viendrait frapper intérieurement en deux points à peu près diamétralement opposés.

On remarquera que dans la sonnerie trembleuse décrite au chapitre précédent, le courant est successivement rompu et établi par la sonnerie même, tandis que dans celle-ci il n'est jamais interrompu, mais il passe dans l'un ou l'autre des électro-aimants ou dans les deux à la fois; c'est une particularité qui est quelquefois avantageuse, comme on le verra à propos des boutons d'appel répetiteurs.

MODÈLES DIVERS DE SONNERIE

On fait des sonneries trembleuses de deux formes principales : la forme *cubique*, représentée fig. 56, et la forme *pendante*, qui est celle de la sonnerie à un coup (fig. 110) et de la sonnerie à double effet (fig. 100).

Ces deux formes prennent des dimensions variables; les plus petites sonneries ont des timbres de sept centimètres de diamètre, et nous en avons construit de fort grandes avec des timbres de dix-huit centimètres; l'une de ces dernières fonctionne au chemin de fer de l'Ouest; il suffit de huit éléments Daniell pour la faire marcher dans un circuit local.

III

BOUTONS D'APPEL

BOUTON D'APPEL SIMPLE

Le *bouton d'appel*, dont la fonction est suffisamment indiquée par son nom, n'est qu'un simple commutateur destiné à fermer le circuit électrique ; on en place

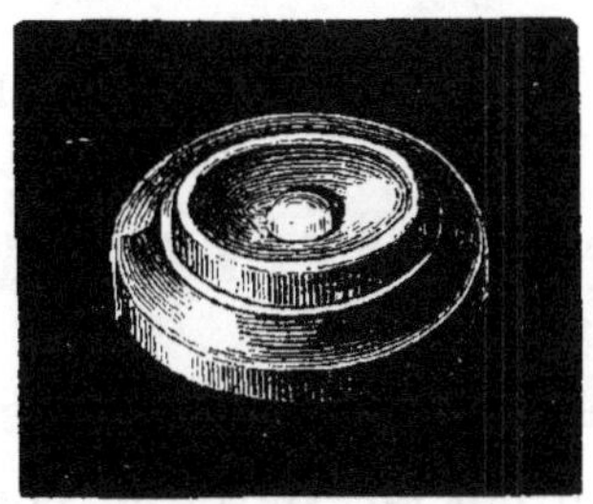

Fig. 78.

un au moins dans chacune des chambres desquelles on veut appeler.

La figure 78 montre l'une des formes qu'on donne le plus fréquemment à cet appareil.

La figure 79 en montre la disposition intérieure.

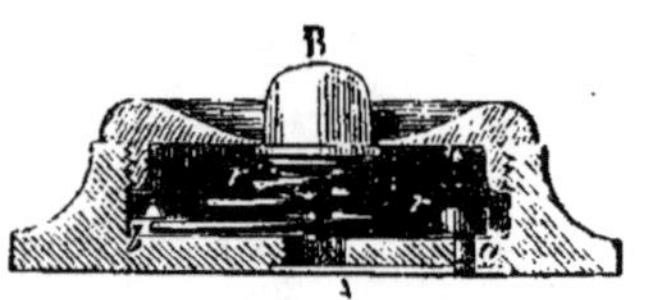

Fig. 79.

Les fils conducteurs aboutissent aux vis *a* et *b*, qui servent en même temps à fixer les ressorts A et *r r*.

Quand on appuie avec le doigt sur le bouton B, qui est en saillie à l'extérieur, on comprime le ressort spiral *r r* et on amène la tige *t* au contact du ressort plat A placé sur la face postérieure du bouton d'appel.

Supposons dans le circuit d'une pile de quatre ou cinq éléments une sonnerie trembleuse et un bouton d'appel de ce genre (fig. 101) ; dès qu'on poussera le bouton B, le circuit sera fermé et la sonnerie fera entendre un roulement qui durera tout le temps qu'on appuiera sur le bouton B.

Les boutons d'appel prennent les formes les plus variées; on en fait en ivoire, en porcelaine, en bois durci, en bois assorti à l'ameublement; on les peint même quelquefois de la couleur des boiseries qui les portent.

Emploi du bouton d'appel

Avec de simples boutons d'appel et des sonneries on peut obtenir des résultats très-variés.

La fig. 101 fait comprendre comment un seul bouton d'appel permet de sonner simultanément deux

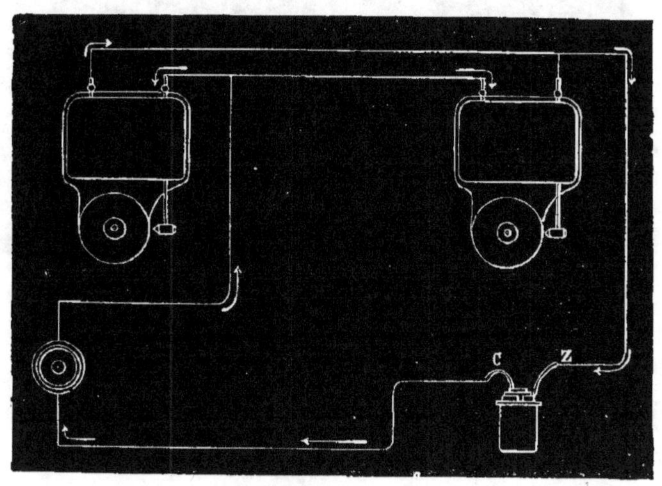

Fig. 101.

sonnettes ou un plus grand nombre, qui peuvent être à des distances quelconques les unes des autres.

La figure 102 fait comprendre comment plusieurs boutons d'appel peuvent agir sur une seule sonnerie.

Dans toutes les dispositions précédentes, la sonnette ne marche qu'aussi longtemps qu'on appuie sur le bouton d'appel ; mais il est facile de disposer la

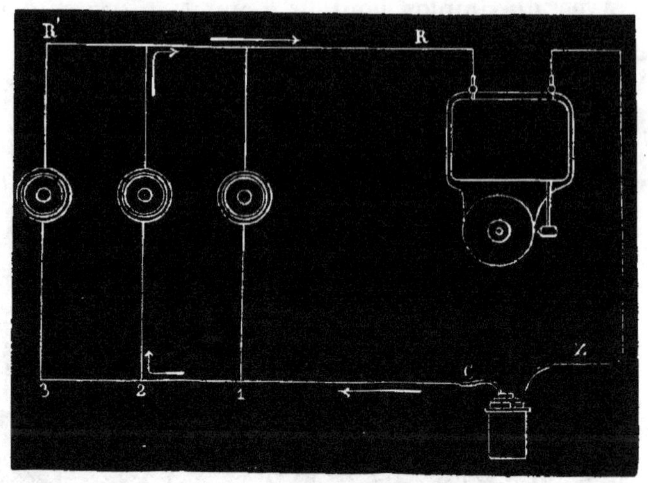

Fig. 102.

sonnerie de telle façon que la sonnerie continue de fonctionner jusqu'à ce qu'on vienne l'arrêter à la main.

BOUTON D'APPEL A CORDON DE SONNETTE

On fait également de petits appareils ayant le même objet, mais qui se placent près du plafond et se manœuvrent au moyen d'un cordon de sonnette ordinaire; on les appelle *Boutons d'appel à cordon de sonnette* ou

Tirages, et on les assortit également à la couleur de l'appartement.

POIRE

Mais l'usage de ces derniers tend à être abandonné et remplacé par celui de petits appareils plus élégants

Fig. 103.

représentés par la figure 103 et désignés sous le nom de *Poires*. La disposition intérieure est tout à fait la même que celle des boutons d'appel ordinaires ; quand on appuie sur le bouton d'ivoire placé à la partie inférieure de la poire, on amène au contact deux ressorts métalliques qui communiquent avec deux conducteurs de cuivre isolés et renfermés dans un cordon de soie auquel est suspendue la poire; ce cordon va aboutir près du plafond à une petite boîte ronde (macaron), dans laquelle les conducteurs dont nous venons de parler sont rattachés à ceux des corridors.

BOUTONS D'APPEL MULTIPLES

La figure 105 montre un bouton d'appel multiple

Fig. 105.

d'un emploi très-général, qui se place sur le bord d'une table ou d'un bureau.

Enfin nous faisons des boutons d'appel multiples, représentés par la figure 104, brevetés en Angleterre.

L'appareil est suspendu à un cordon recouvert de soie, qui contient autant de fils conducteurs isolés qu'il y a de boutons d'appel, et en outre un fil de retour

Chacun des boutons d'ivoire B correspond à l'un des conducteurs et à l'une des sonneries ou numéros indicateurs qu'il s'agit de faire fonctionner.

On grave sur le pourtour, et en regard des boutons

d'ivoire, soit des numéros, soit des mots indiquant les diverses directions, comme : *caisse, comptabilité*, *secrétaire*, etc., etc.

On comprend d'ailleurs que ces appareils peuvent

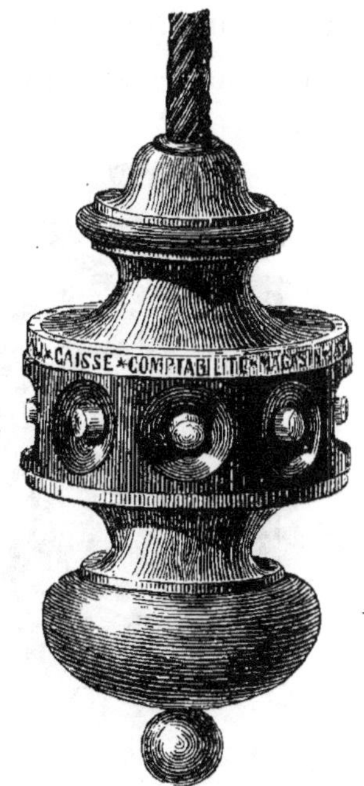

Fig. 104.

avoir un aussi grand nombre de directions qu'on veut ; ils se placent au milieu d'une chambre, suspendus au plafond au-dessus d'une table ou d'un bureau, de manière qu'on les ait à portée de la main.

BOUTON DE PORTE EXTÉRIEURE

La figure ci-dessous représente l'une des formes qu'on donne le plus communément à ces appareils. Une pièce métallique montée sur une base de marbre ;

Fig. 109.

le tout est maintenu par deux vis qui se fixent dans des tampons placés d'avance dans le mur.

La poignée se tire à la main, et par son mouvement établit un contact métallique que la figure ne montre pas; ce contact est très-assuré à cause des grandes dimensions des pièces et de leur force.

IV

TABLEAUX INDICATEURS

Le plus souvent, pour faire savoir aux domestiques le numéro de la chambre d'où on a appelé, on fait

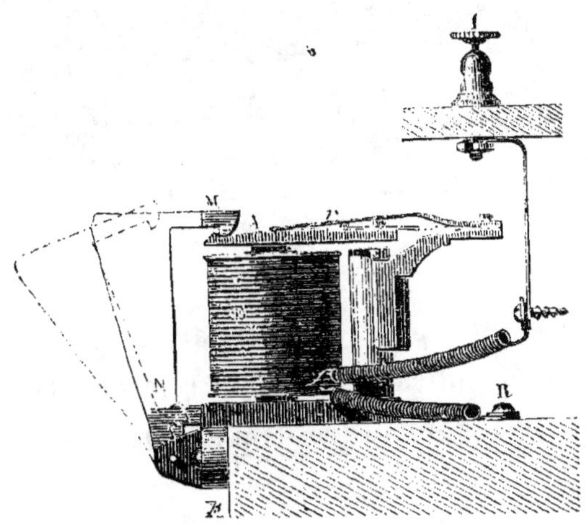

Fig. 80.

usage d'appareils indicateurs en nombre égal à celui

des chambres, et qui sont réunis en un seul *tableau*.

La figure 80 représente un de ces indicateurs. Quand le courant est envoyé dans l'électro-aimant E, l'armature A est attirée, et le lapin MN tombe dans la position figurée en pointillé et, par conséquent, sort de la boîte qui la contient [1].

La figure 81 montre un appareil indicateur à cinq numéros dans son ensemble ; dans la position figurée, il annonce que les chambres nos 1, 3 et 4 ont appelé.

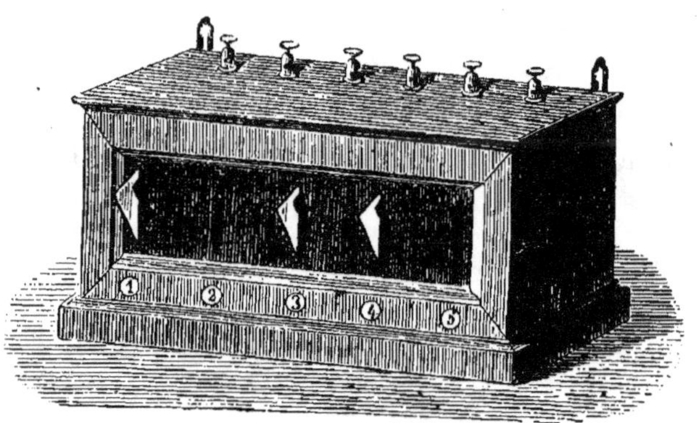

Fig. 81.

Il est clair que pour que l'appareil soit prêt à répéter les mêmes indications, il faut relever à la main les pièces MN, ce qu'on fait très-facilement en les poussant du doigt.

[1] Quelque singulière que soit cette dénomination de *lapin* née dans l'atelier, nous l'avons adoptée pour éviter des périphrases et rendre les explications plus claires.

V

MONTAGE D'UN SYSTÈME COMPLET DE SONNETTES

La figure 82 fait comprendre le montage d'un système complet de sonnettes électriques. Supposons que le bouton 2 soit poussé, le courant, dont la marche est indiquée par les flèches, traverse la sonnerie qu'il fait tinter, l'indicateur n° 2 dont il fait tomber la plaque MN, le bouton d'appel, et revient à la pile par le fil RR qui sert pour tous les boutons d'appel et qu'on appelle *fil de retour*. Ce fil peut être remplacé par un tuyau de gaz ou d'eau qui fait la fonction de la terre dans les communications télégraphiques. La pile, la sonnerie et l'indicateur doivent être réunis autant que possible dans la même pièce, et on n'a, par conséquent, à poser qu'un nombre de fils égal au nombre des chambres contenant un bouton d'appel, plus un

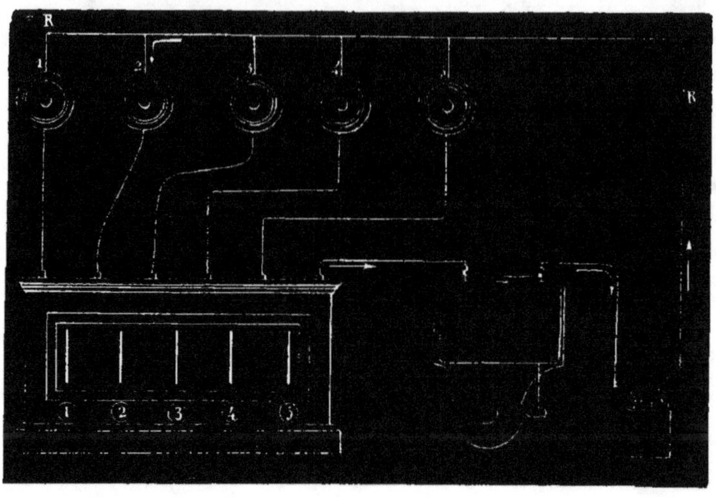

Fig. 82.

fil de retour, si on ne peut pas le remplacer comme nous venons de dire.

On voit que, quel que soit le nombre des chambres, on n'a besoin que d'une seule pile et d'une seule sonnerie : l'indicateur seul change. La pile devant faire fonctionner en même temps deux électro-aimants, doit se composer de cinq ou six éléments Daniell ; ce nombre même doit être augmenté si les distances sont grandes à cause des pertes qui se font par le défaut d'isolement parfait des fils.

Le système de montage que nous venons d'indiquer

est le plus simple; mais dans certains cas on est conduit à en employer d'autres.

On voit que, dans cette disposition, la sonnerie ne fonctionne que pendant le temps qu'on appuie sur le bouton d'appel; c'est ce qu'on préfère en général; il peut cependant être désirable que la sonnerie continue à trembler, jusqu'à ce que la personne appelée vienne l'arrêter; il faut alors disposer les numéros indicateurs pour fonctionner comme des relais et faire agir la sonnerie au moyen d'une pile locale. Les *numéros indicateurs relais* sont peu employés, quoique presque aussi bon marché que les ordinaires.

On a fréquemment besoin de sonner dans deux endroits à la fois (voir fig. 101), et même de donner dans ces deux endroits l'indication du numéro qui appelle; on voit maintenant à quel point cela est facile avec le système électrique.

VI

CONDUCTEURS

Les fils qu'on emploie sont généralement en cuivre et recouverts de coton ou de soie; celui que nous recommandons plus particulièrement est recouvert d'abord d'une couche de coton qu'on trempe dans un vernis isolant particulier, qui lui donne une teinte noire et qui sèche très-rapidement, et ensuite d'une seconde couche de coton ou de soie d'une couleur quelconque.

Quand les fils sont en grand nombre, il est souvent utile de leur donner des couleurs différentes pour les distinguer facilement et suivre chacun d'eux sans peine dans tous les détours qu'il peut faire.

Le fil de retour, qui est le plus important, puisqu'il est commun à tous les circuits, peut être recouvert de gutta-percha par-dessus ou par-dessous une couche de coton ; cette couche de coton préserve le fil d'un contact dans le cas où la gutta-percha vient à fondre par la chaleur ou à se désagréger par l'humidité.

Les fils peuvent être placés contre des boiseries et fixés avec de petits clous de cuivre autour desquels on les enroule; quand on n'a pas de boiseries sur lesquelles on puisse faire passer le fil, on le place sur de petits isolateurs en os représentés en vraie grandeur par la figure; on enroule le fil sur la gorge de cette petite poulie en le tendant très-fortement; l'isolateur lui-même est fixé sur la muraille au moyen d'un clou à tête.

Dans les corridors, les fils peuvent être placés sur des taquets en bois au moyen de petits clous de cuivre; mais le meilleur moyen consiste à les réunir en un seul câble et à les protéger par une couverture de coton de couleur assortie à celle du corridor; ce câble peut être dissimulé presque complétement : on le fixe au moyen de clous à crochet arrondi qu'on peut avoir la précaution de faire émailler. Si les murs sont très-humides, il convient d'ajouter encore une précaution qui consiste à entourer le câble sous les crochets qui le fixent d'une petite bande de gutta-percha.

Dans les pays chauds, la plupart de ces précautions prises contre l'humidité deviennent inutiles, et la pose peut être faite beaucoup plus simplement.

Afin de dissimuler soit les fils dans les appartements, soit les câbles dans les corridors, on peut les placer sous des baguettes en bois creusées à cet effet, dont la rigole est tournée vers la muraille; elles peuvent être peintes ou recouvertes de papier avec le reste de l'appartement, et peuvent même dans quelques cas concourir à l'ornementation des pièces.

VII

BOUTON D'APPEL RÉPÉTITEUR

La figure 106 représente la dernière forme que nous ayons donnée à ce petit instrument et que nous avons préférée, comme plus compacte, à celles que nous avions précédemment essayées.

Il a pour objet d'indiquer qu'on a effectivement envoyé le courant dans une sonnerie ou dans un tableau indicateur; de plus, quand la personne appelée arrête le tintement de la sonnerie, ou remet en place l'avertisseur du tableau, l'appareil l'indique encore. Quand on presse sur le bouton d'ivoire B, on amène au contact les deux ressorts *a b*, *c d ;* le courant de la pile arrivant par le fil C suit les deux ressorts, traverse le fil de la bobine et arrive enfin à la vis V, sous laquelle est pressé le fil L, qui conduit à l'appareil récepteur (sonnerie ou tableau indicateur).

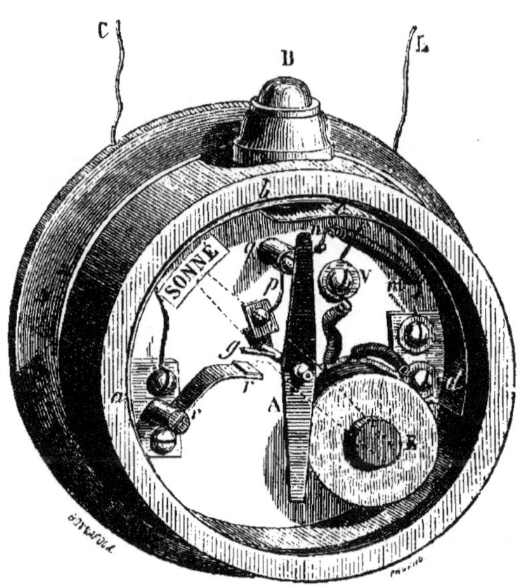

Fig. 103.

Par ce fait le fer doux E s'aimante et attire l'aiguille indicatrice A, qui s'incline et vient par son extrémité supérieure pointer vers le mot *sonné*, gravé sur un cadran qui cache tout le mécanisme et qu'on a enlevé dans la figure pour laisser voir l'intérieur de l'appareil.

Aussitôt que le doigt cesse d'appuyer sur le bouton B, le contact cesse entre les deux ressorts *a b*, *c d*, mais le circuit continue d'être fermé dans l'intérieur de l'appareil de la manière suivante : l'aiguille A porte sur son axe une goupille *g* qui vient toucher le petit ressort *rr* quand l'aiguille est inclinée, de sorte que le courant prend la route suivante : du fil C il passe au ressort *rr*, puis par la goupille *g* dans son axe et dans le cadran par lequel est portée l'aiguille; du cadran il passe dans le petit pont *p* et le pilier *q* (qui porte le cadran), dans le fil *n m*, qui le conduit au fil de la bobine et ensuite au fil L de la ligne. De cette façon, tant que le courant n'est pas interrompu dans l'appareil récepteur, l'aiguille est maintenue inclinée; et quand on la voit revenir à la position verticale, on est assuré que la personne appelée a compris et qu'elle a rompu le circuit, au moyen d'un interrupteur.

Quand, au lieu d'envoyer le courant dans un tableau à numéros ou dans une sonnerie à un coup, on met dans le circuit une sonnerie trembleuse ordinaire, les tremblements du marteau sont reproduits par l'aiguille, ce qui constitue une répétition encore plus significative ; mais pour obtenir cet effet il faut régler convenablement les deux appareils, ce qui présente quelque difficulté. (Il faut régler la sonnerie pour trembler très-vite et le bouton répétiteur, de façon que la goupille portée par l'axe de l'aiguille touche le ressort *rr* pendant une grande partie de sa course.)

Mais il est préférable dans ce cas de faire usage de sonneries trembleuses spéciales, qui n'interrompent pas le courant qui les fait fonctionner.

Les sonneries à double effet sont dans ce cas, comme nous l'avons fait remarquer.

Il suffit, d'ailleurs, d'une très-petite addition aux sonneries ordinaires pour en obtenir le résultat que nous venons d'indiquer.

La figure 107 (page 50) montre une sonnerie munie de cette disposition ; quand l'armature cesse de toucher le ressort de contact qui envoie le courant dans l'électro-aimant, elle vient toucher un autre ressort et par cette voie le courant va directement au fil de retour ; de telle sorte que le courant passant en premier lieu dans le ressort R et dans l'électro-aimant E, et en second lieu dans le ressort *r* et le conducteur *r u*, n'est pas interrompu sur la ligne par le fonctionnement et la sonnerie trembleuse. Par conséquent l'aiguille indicatrice dn bouton répétiteur reste inclinée pendant tout le temps que la sonnerie est en fonction, et ne se redresse que quand le courant est interrompu par un interrupteur placé dans la sonnerie ou dans son voisinage, ce qui fournit une seconde indication à la personne appelée et comme une réponse à l'appel ; c'est comme si la personne qui a sonné entendait ces mots: *J'ai compris, j'y vais.*

On observe quelquefois une légère oscillation de l'aiguille du bouton d'appel, qui tient aux variations de résistance du circuit, produites par la sonnerie trembleuse : ces mouvements sont une garantie que la sonnerie fonctionne et rendent l'effet de répétition encore plus complet et plus satisfaisant.

BOUTON INDICATEUR SIMPLE

Dans certains cas, le bouton d'appel répétiteur que nous venons de décrire peut être remplacé par un appareil du même genre, mais un peu plus simple.

Un petit électro-aimant est placé dans le circuit et attire l'aiguille indicatrice, pendant tout le temps qu'on appuie sur le bouton; mais l'indication cesse aussitôt qu'on cesse d'appuyer.

S'il y a une sonnerie trembleuse dans le circuit, le tremblement de l'aiguille indicatrice accuse le tremblement du marteau.

Il importe de comprendre que la réponse fournie dans l'autre système, par le redressement de l'aiguille, ne peut pas l'être dans cette disposition dernière.

INTERRUPTEUR

Nous croyons inutile de donner des détails sur l'interrupteur; ce petit instrument peut recevoir différentes formes extérieures. La plus simple qu'on puisse lui donner est celle représentée fig. 78. Quand on appuie sur le bouton, on fait cesser le contact des deux ressorts.

Fig. 78.

Pour distinguer les interrupteurs des boutons d'appel, on remplace les boutons d'ivoire par des boutons noirs en bois ou en corne.

APPLICATION AUX CHAMPS DE TIR

Les moyens ordinaires de communication sur les champs de tir consistent dans l'emploi de drapeaux qu'on élève et qu'on abaisse suivant une convention arrêtée à l'avance, et de sonneries avec la trompette; il est aisé de comprendre combien ils sont insuffisants, surtout à grande distance.

M. le comte de Gendre a eu l'idée d'employer le bouton d'appel répétiteur pour prévenir le marqueur qu'on va tirer ; ce qui est nécessaire d'abord pour sa sûreté, et ensuite pour que son attention soit éveillée au moment où arrive la balle.

Près du tireur est un petit poteau en bois, très-facile à transporter et haut de un mètre environ ; à sa partie supérieure est un bouton d'appel ; deux fils de cuivre recouverts de gutta-percha sont placés sous terre ou simplement étendus sur le sol ; ils font communiquer ce premier appareil avec un second qui est installé à demeure auprès du marqueur et en avant de la cible.

Le second appareil se compose d'une pile de six à huit éléments suivant la distance, d'une sonnerie trembleuse et d'un interrupteur.

Quand le tireur est prêt, il appuie sur le bouton d'appel, dont l'aiguille est déviée ; le marqueur entend fonctionner sa sonnette, il coupe le circuit en appuyant sur l'interrupteur : ce qui a pour effet d'arrêter la sonnerie et de relever l'aiguille du bouton d'appel ; le tireur sait alors que l'avis a été reçu et que le marqueur est attentif.

La rapidité avec laquelle se font toutes ces opérations est telle, que plus d'une fois, l'avis ayant été transmis après le coup parti, la réponse vint avant que la balle eût touché la cible.

On voit clairement que ce système d'avertissements écarte toute possibilité d'accidents, puisqu'on doit attendre pour tirer que le marqueur ait répondu.

VIII

SYSTÈME RÉPÉTITEUR COMPLET

On a vu combien pouvait être insuffisante l'indication fournie par le *bouton d'appel indicateur;* le *bouton répétiteur* lui-même fonctionnant avec un tableau indicateur ordinaire peut donner une indication trompeuse, car si le tableau est dérangé, il se peut que l'aiguille du bouton s'incline, quoique le lapin ne tombe pas.

La disposition suivante du tableau indicateur supprime cette possibilité de malentendu, et en outre dispense de l'emploi d'un interrupteur.

La figure 107 représente l'ensemble du système : tableau indicateur à répétition, bouton répétiteur, sonnerie, conducteurs et piles. On remarquera tout d'abord qu'il y a deux piles Zc_1, et c_1C, réunies par leur pôle commun c_1, qui sert de pôle-cuivre à la première, et de pôle-zinc à la seconde.

CIRCUIT DU PREMIER COURANT

Au moment où on commence à appuyer sur le bouton d'ivoire B du *bouton d'appel*, un premier courant se met à circuler ; sa marche est indiquée par des flèches simples. Il part du pôle c_1 de la pile c_1 Z, arrive en C au *bouton d'appel*, suit (fig. 106) les ressorts *ab* et *cd*, passe dans le fil de l'électro-aimant E, va à la vis V et de là au fil L qui aboutit (fig. 107) au *tableau indicateur* à la borne L ; il arrive au ressort *mn* qui touche au ressort *pq*, et par suite est conduit dans le fil de l'électro-aimant E et enfin à la borne Z. De là il est ramené par un fil conducteur au pôle Z de la pile.

FONCTION DU PREMIER COURANT

Ce premier courant ne produit aucun effet apparent dans le *bouton d'appel ;* l'aimantation qu'il développe dans l'électro-aimant (fig. 106), au lieu d'attirer l'aiguille indicatrice A, la repousse (car elle est en acier

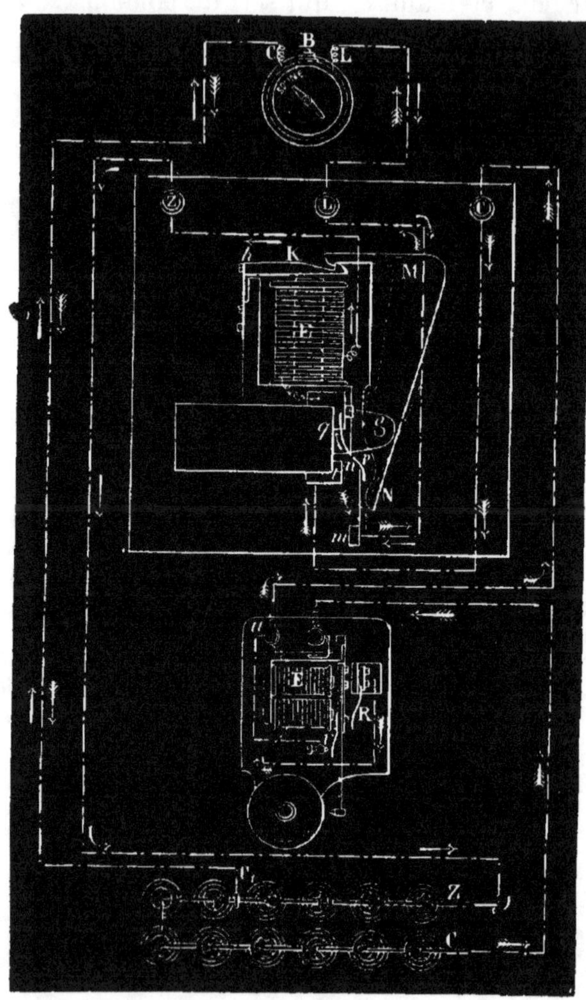

Fig. 107.

et aimantée), et la maintient dans sa position verticale.

Dans le *tableau indicateur* (fig. 107), il magnétise l'électro-aimant E; par suite l'armature *hk* s'abaisse et dégage le lapin M N qui, tournant autour de son axe O, tombe en avant dans la position figurée en traits pointillés.

On voit que le lapin porte au-dessous de son axe un appendice O N; quand le *lapin* tombe en avant, l'appendice se porte en arrière et, poussant le ressort *mn*, le sépare du ressort *pq*, ce qui interrompt le premier courant.

De plus, dans ce même mouvement le ressort *mn* est amené au contact de la pièce métallique *t*, ce qui donne passage à un second courant.

CIRCUIT DU DEUXIÈME COURANT

La marche du deuxième courant est indiquée par des flèches chargées. Il part du pôle C de la pile, passe par la sonnerie et arrive au tableau indicateur à la borne C; de là il est conduit à la pièce métallique *t*, par suite au ressort *nm* et à la borne L; de ce point le courant suit un fil conducteur qui l'amène en L au bouton d'appel; il traverse cet instrument et se rend enfin au pôle c_1 de la pile c_1 C.

FONCTIONS DU SECOND COURANT

Le second courant ne produit aucun effet dans le *tableau indicateur*, puisqu'il ne passe pas dans l'électro-aimant. Examinons en détail ce qu'il fait dans le *bouton d'appel*, et remarquons d'abord que le second courant y arrive en sens contraire du premier ; par conséquent l'aimantation qu'il produit dans l'électro-aimant attire l'aiguille indicatrice A (au lieu de la repousser) et la fait incliner vers le mot SONNÉ.

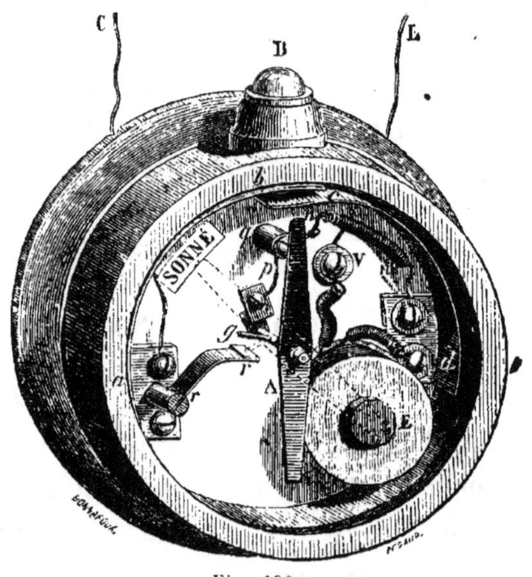

Fig. 106.

Ce courant arrive (fig. 106) par le fil L et la vis V, parcourt le fil de l'électro-aimant, puis, suivant les ressorts *dc* et *ba* et le fil conducteur C, retourne à la pile en C. Mais dès que l'aiguille A est attirée par l'électro-aimant et inclinée, la goupille *g* portée par l'axe de cette aiguille vient toucher le ressort *rr* et offre un nouveau passage au courant; en effet, arrivant en L, puis en V, il parcourt le fil de l'électro-aimant, suit le boudin *mn*, passe dans le pilier *q* et dans la masse métallique du cadran et de l'aiguille, suit la goupille *g* et le ressort *rr* pour aboutir en C. Dans ces conditions, si on cesse d'appuyer sur le bouton B avec le doigt, l'aiguille du *bouton d'appel* reste inclinée.

On voit que la pression du doigt sur le bouton B doit être maintenue jusqu'à ce que l'inclinaison de l'aiguille se produise ; mais toutes ces opérations successives dont l'explication est fort longue se font avec une extrême rapidité.

Le second courant a encore pour effet de faire fonctionner la sonnerie comme nous allons l'indiquer.

SONNERIE

On voit qu'il suffit de placer la sonnerie sur le trajet du second courant, sur le fil commun à tous les lapins qui va de la pile C au bouton C du tableau indicateur. On peut employer à cet usage une sonnerie à un coup, ce qui dans beaucoup de cas est préférable, car le bruit prolongé des sonneries trembleuses est souvent considéré comme gênant. Mais si on veut que la sonnerie fonctionne tout le temps que le lapin est tombé et l'aiguille du bouton d'appel inclinée, il faut faire usage soit d'une sonnerie à double effet, soit d'une sonnerie à deux ressorts comme celle décrite p. 48, et représentée fig. 107 ; en effet une sonnerie trembleuse, en interrompant le circuit à chaque battement du marteau, pourrait faire tomber l'aiguille indicatrice du *bouton d'appel*, ce qui aurait pour conséquence l'arrêt de la sonnerie elle-même.

INTERRUPTION DU DEUXIÈME COURANT

Quand la personne appelée entend le tintement de la sonnerie, elle vient voir quel est celui des lapins qui est tombé, et avec la main le relève et le remet en prise sur l'armature *h k* de l'électro-aimant ; le ressort *m n* reprend sa position première, et cesse de toucher à la pièce *t* ; le deuxième courant est donc interrompu, d'où il résulte que l'aiguille du *bouton d'appel* retombe dans la verticale et que la sonnerie cesse de fonctionner.

On voit donc que le retour de l'aiguille du *bouton d'appel* à sa position verticale annonce d'une manière certaine à la personne qui a appelé que son signal a été reçu et compris.

DES PILES

L'emploi des deux piles distinctes est obligatoire, puisqu'on a besoin de deux courants successifs de sens contraire.

La seconde doit être composée d'un plus grand nombre d'éléments, parce qu'elle fait fonctionner deux appareils et que pour le bouton d'appel il faut un courant assez intense.

RÉSUMÉ

On voit en résumé que quand on abaisse le bouton d'ivoire du *bouton d'appel*, on envoie un premier courant fourni par la pile c_1 Z; ce premier courant fait tomber le lapin correspondant du tableau indicateur. La chute du lapin a pour résultat la rupture du premier courant, et l'établissement d'un second courant fourni par la pile c_1 C. Le second courant produit l'inclinaison de l'aiguille indicatrice du bouton d'appel; par le fait de la déviation de l'aiguille, un nouveau passage est offert au deuxième courant, dès lors on peut cesser d'appuyer sur le bouton, l'aiguille reste inclinée.

De plus le second courant fait marcher la sonnerie.

Enfin, quand la personne appelée relève le lapin, la sonnerie cesse de sonner, l'aiguille du bouton d'appel revient à la verticale et la seconde indication est donnée.

MONTAGE A TROIS COURANTS

Il peut arriver, si on n'appuie qu'un instant trop court sur le bouton d'appel, que son aiguille ne dévie pas, quoique le tableau indicateur ait fonctionné ; la seule conséquence grave de ce manque, c'est que la sonnerie ne fonctionne pas.

Pour supprimer complétement ce danger, nous employons dans les grands hôtels une disposition un peu moins simple que celle que nous venons de décrire. La sonnerie, au lieu de fonctionner dans le second courant, est placée dans un troisième circuit qui lui est tout à fait spécial, et qui est fermé par la chute du lapin. La pile qui fournit ce troisième courant est formée d'une partie des éléments qui donnent le premier courant; de sorte que la dépense d'entretien n'est pas augmentée.

Cette disposition, qui fonctionne au Grand-Hôtel, apporte un peu plus de complication dans le tableau indicateur ; et elle n'est vraiment utile que lorsque les appareils sont mis entre les mains d'un public toujours renouvelé et souvent étranger au système électrique.

IX

GACHE ÉLECTRIQUE DE FORTIN

On sait que les portes cochères sont toutes munies d'un ressort d'acier d'une force proportionnée au poids de la porte ; ce ressort est comprimé et tendu quand la porte est fermée, et quand, au moyen d'un cordon métallique, on dégage le pène[1] pendant un instant même très-court, le ressort agit et ouvre la porte de quelques centimètres.

Pour obtenir ce résultat par l'électricité, M. Fortin,

[1] Le pène est la pièce qui ferme la porte et sur laquelle on agit, pour ouvrir, au moyen d'un bouton dans les serrures ordinaires et au moyen d'un cordon manœuvré à distance dans les serrures à portes cochères. Le pène dormant est celui qui se manœuvre avec la clef et qu'on ne peut ouvrir avec le bouton ou le cordon.

au lieu d'agir sur le pène, a eu l'idée d'agir sur la gâche, c'est-à-dire la pièce (fixe dans les serrures ordinaires) derrière laquelle s'accroche le pène.

La figure ci-jointe montre la gâche avec le méca-

Fig. 108.

nisme électrique destiné à le dégager; le pène n'y est pas représenté.

Le mécanisme se compose de trois parties, savoir :

1° Une gâche proprement dite G montée sur deux pivots et pouvant tourner autour d'un axe vertical; cette gâche est ramenée dans sa position normale (celle représentée par la figure) par le ressort R; la gâche porte en outre un bras *bb* qui s'accroche à un arrêt *o* et qui maintient la gâche dans la position figurée, tant qu'elle n'est pas dégagée par l'électricité, comme on va le voir. Supposons la porte fermée : le grand ressort d'ouverture dont nous avons parlé au début de cet article pousse la porte et par conséquent agit sur la gâche et tend à la faire tourner; mais aucun mouvement n'a lieu si le bras *bb* est retenu par son arrêt *o*. Pour que la porte s'ouvre, il faut que le bras *bb* soit dégagé de son arrêt; alors la gâche tourne sous l'effort du grand ressort de la porte et la porte s'ouvre; mais aussitôt le ressort R ramène la gâche à sa position habituelle, le bras *bb* se rèengage derrière son arrêt, et si l'électricité a cessé de passer, la porte peut être refermée avec sûreté.

2° Une pièce intermédiaire entre la gâche et l'électro-aimant ; cette pièce peut pivoter autour d'un axe horizontal *mn;* elle porte en dessous une sorte de renflement *o* dont nous avons parlé plus haut et qui sert à arrêter le bras *bb* de la gâche, et en dessus un crochet *c* qui peut être soulevé par la goupille *g* portée par l'armature de l'électro-aimant : un ressort plat, que ne montre pas la figure, ramène cette pièce dans sa position normale inférieure, aussitôt que l'électro-aimant cesse de la soulever.

3° Un électro-aimant E composé de trois branches; la branche centrale porte une bobine, les deux autres favorisent l'attraction de l'armature AA; cette armature est portée par un ressort plat et frotte légèrement contre la branche de gauche de l'électro-aimant, ce qui tend à augmenter l'attraction; la goupille *g* portée par l'armature soulève, comme nous l'avons dit, le crochet *c* et par suite dégage la gâche; dès que le courant cesse de passer, l'armature est ramenée vers le bas par le ressort qui agit sur la pièce *mn*.

Il importe de remarquer que grâce à l'heureuse proportion des leviers il suffit d'une aimantation médiocrement énergique pour dégager la gâche et déterminer l'ouverture de la porte, malgré la force considérable du grand ressort qui pousse cette porte, force qui ne peut être diminuée à cause de la masse considérable qu'il doit déplacer. Le pène appuie donc sur le fond de la gâche, presque sur l'axe; le dégagement du bras *bb* se fait au contraire à une grande distance du même axe. Il suffit de six ou huit éléments Daniell ordinaires pour faire fonctionner cet appareil, même quand il est appliqué à une porte cochère énorme.

On comprend aisément que quand l'appareil est posé, tout le mécanisme représenté par la figure est caché et noyé dans le bois de la porte, de telle façon qu'il n'est exposé ni à la poussière ni aux chocs.

Cet appareil ingénieux ne fait pas exception parmi les applications de l'électricité; un très-faible courant permet à une force considérable de mouvoir une grande masse, mais ce courant lui-même ne meut pas cette masse ; en d'autres termes, cette application, comme toutes celles qui ont réussi, n'emploie pas l'électricité comme force motrice, mais comme simple intermédiaire mécanique.

On comprendra aisément comment on peut disposer les choses pour que, un visiteur en tirant la sonnette extérieure à la maison, fasse fonctionner la gâche électrique et ouvre la porte au lieu de sonner, ou en même temps qu'il sonne. Cet arrangement est commode pour le jour, parce qu'il évite tout retard dans l'ouverture de la porte ; la nuit venue, le simple mouvement d'un commutateur chez le concierge remet les choses dans l'état ordinaire ; c'est-à-dire que le visiteur sonne le concierge, qui à son tour fait fonctionner la gâche électrique et ouvre la porte.

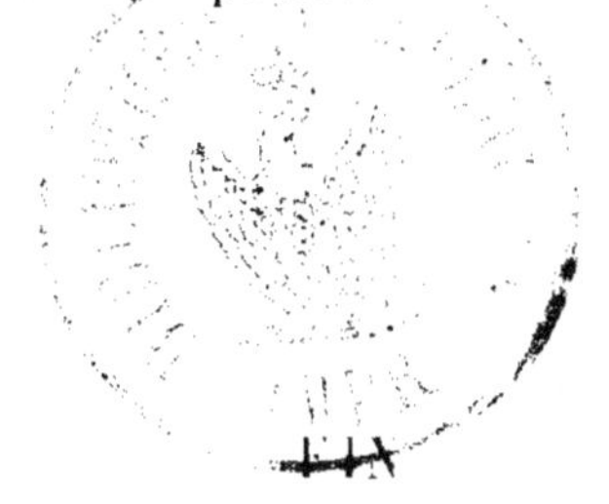

TABLE DES MATIÈRES

PARIS. — IMP. SIMON RAÇON ET COMP., RUE D'ERFURTH, 1.

DU MÊME AUTEUR

MANUEL DE TÉLÉGRAPHIE ÉLECTRIQUE

PAR BRÉGUET

QUATRIÈME ÉDITION

Orné de 80 gravures sur bois et de 4 planches gravées sur acier

---

SE TROUVE A

Rouen	Chez MM.	FILLEUL, rue Porcherie, 3.
Avignon . . .	—	JAUFFRET, rue Galante, 39.
Nantes. . . .	—	CALLAUD, rue du Bouffay, 2.
Le Hâvre. . .	—	GIROUD ET FILS, rue de Paris, 12.
Philippeville. .	—	STRAUSS ET Ce.
Londres. . .	—	ADAMS AND SON, Haymarket, 57.
Halifax. . . .	—	L.-J. CROSSLEY, Dean-Clough-Mills.
Southport. . .	—	BENJ. BOOTHROYD.
Malta . . .	—	ROSENBUSCH, Strada Stretta, 27.
Madrid. . . .	—	CH. HAGRON, calle San-Cosme, 5.
Barcelona . .	—	F. DE MIQUEL, calle San-Pablo, 21.
Santander. . .	—	RUBEN MOÏSE, VIAL Y Cia, calle de Hernan Cortes.
Porto.	—	F. A. GALLO, Cima do Muro, 258.
Rio de Janeiro.	—	CH. VALAIS ET Ce.
Brême	—	BUCHMEYER, Geeren, 10.

PARIS. — IMP. SIMON RAÇON ET COMP., RUE D'ERFURTH, 1.

www.ingramcontent.com/pod-product-compliance
Lightning Source LLC
LaVergne TN
LVHW020044170826
845678LV00001B/424

* 9 7 8 2 3 2 9 6 8 5 0 2 1 *